PORTRAIT DE MONSIEUR.

ACROSTICHE.

Mon cœur eſt une énigme, un l'abyrinthe obſcur,
On a ſouvent voulu pénétrer ma penſée :
Ne me fiant qu'à moi : la cabale ruſée
Sous les dehors flatteurs du zèle le plus pur
Ingénieuſement préparant ſes amorces
Et cherchant à ſavoir mes obliques forfaits,
Uſa tous ſes reſſorts, ſon génie & ſes forces.
Rien n'a pu dévoiler mes ſentimens ſecrets.
Fourbe, diſſimulé, faux de mille manières,
Regrettant de ne pas être au nombre des Rois,
Ennemi déclaré de l'aîné de mes freres,
Réſolu de régner & de créer des loix,
Envieux de paſſer pour aimer la juſtice,
Des plus fins courtiſans j'ai trompé la malice,
Uni dans l'entretien, le premier des poltrons,
Rêveur, impérieux, l'ambition me guide :
On doit me regarder comme un Prince perfide,
Ignorant, en un mot, comme tous les Bourbons.

VIE SECRETTE ET POLITIQUE DE LOUIS-STANISLAS-XAVIER MONSIEUR, FRERE DE LOUIS XVI.

Latet anguis in herbâ.
VIRG.

A BRUNOY;

Et se trouve A PARIS;

Au Manege des Thuileries.

1790.

DISCOURS PRÉLIMINAIRE.

L'HISTOIRE des Princes contemporains ne doit pas être écrite avec moins de véracité, que celle des Empereurs et des Rois des âges reculés. Il faut quand on manie la plume de CLIO, (1) être exempt de préjugés, de préventions et oser dire tout le mal comme tout le bien de celui dont on écrit la Vie. Il faut affronter les reproches et les tortures que des hommes puissants peuvent faire subir. Le plaisir de dire la vérité sans fiel et sans partialité doit être la plus flatteuse récompense d'un écrivain qui desire éclairer son siécle et donner des leçons utiles à la postérité.

On a judicieusement observé que les gens de lettres répandus dans les cabinets des cours, favorisés des princes, étoient trop souvent suspects dans les tableaux qu'ils offroient des personnages qu'ils se mêloient de peindre, quoiqu'ils fussent plus à portée d'être instruits qu'un historien isolé, concentré dans la compilation des faits et des évenemens, et dans la méditation des causes qui ont opéré les changemens et les révolutions d'un empire.

(1) Celle des neuf muses qui préside à l'histoire.

Je crois en effet qu'un littérateur comblé de bienfaits et de dignités se laisse presque toujours entraîner par le sentiment de la reconnoissance, qui se plaît à pallier, à dénaturer les actions d'un bienfaiteur quand elles ne sont point à sa gloire. Alors le lecteur aulieu d'avoir l'histoire d'un prince qu'il lui importe de connoître, n'a parcouru qu'un roman artificieusement crayonné.

Je pourrois citer nos meilleurs écrivains, nos plumes les plus élégantes qui ont tombé dans ces écarts répréhensibles : mais sans vouloir faire le procès à une multitude d'historiens, il me suffira d'observer que VOLTAIRE, lui-même, l'historien le plus poli, le plus pur, a terni sa gloire par une partialité révoltante, et par des citations complaisamment préparées, dans l'intention secrette de plaire à quelques grands Seigneurs à qui souvent il a fait jouer des rôles de héros, pendant que dans l'exacte verité ils n'étoient que des THERSITES. Son siecle de Louis XIV, suivi d'une esquisse de celui de Louis XV, seroit un des beaux morceaux sortis de la main des hommes, s'il ne respiroit à chaque page le courtisan, l'adulateur politique, ou le détracteur injuste du premier mérite dans la carriere des armes et des sciences.

L'abbé de Vertot, dont on estime, avec raison, la maniere et la hardiesse mériteroit les plus grands éloges, s'il ne fut tombé dans un autre excès. On s'apperçoit que cet historien, dans la crainte d'être suspect aux protestans, comme catholique, s'efforça de vouloir prouver son impartialité en inculpant quelquefois l'église romaine des torts que les Protestans avoient seuls, en dénigrant certaines sociétés religieuses qu'il auroit dû louer.

Je ne prétends point dire que les catholiques romains aient toujours eu raison dans leur conduite et leurs procédés, je mentirois à moi-même ; je suis au contraire bien persuadé qu'ils se sont laissé trop emporter par leur ambition et leur avidité ; que les causes qu'ils ont mises en avant ne partoient point de leur zele pour la religion, de leur intime piété, mais du seul motif de leur intérêt et du desir de dominer. Mais avec tous ces griefs impardonnables, griefs qui les ont perdus, lorsque le flambeau de la philosophie a éclairé la nation et les a démasqués, il est juste de remarquer que les novateurs n'ont pas eu moins de passions, et qu'ils ont commis d'aussi grandes et de plus grandes fautes, parce qu'ils ont eu les premiers torts en innovant, et que les catholiques n'ont eu que les seconds en manquant de patience, de douceur et de charité : je sais bien que toute innovation met le trouble dans un état. Mais est-il de l'humilité chrétienne de persécuter avec acharnement les novateurs ? N'est-il pas plus juste de chercher à les ramener, à les détromper par les voies de la mansuétude et de la clémence.

L'abbé de VERTOT, avec beaucoup de talent, a donc manqué son objet, puisque les catholiques romains ont lieu de lui reprocher de la partialité, de l'accuser même quelquefois d'incrédulité, et que les protestans lui ont su gré de sa prédilection.

PEREFIXE de BEAUMONT est plein de graces et de charmes dans son histoire, le lecteur est fâché d'y trouver un ton trop précieux à côte de maximes philosophiques qui annoncent un esprit sevré de préjugés, un esprit lumineux et précoce pour son siecle, enseveli dans les ténebres de l'ignorance, de la superstition et du fanatisme.

Le baron de PUFFENDORF, dans ses vastes tableaux, a su se concilier l'estime universelle. Cet historien eût effacé tous les autres, s'il ne régnoit pas dans ses détails une partialité germanique, dont un philosophe tel que lui auroit dû être dépouillé.

Notre MEZERAY est exact, mais trop concis ; il ne dit pas tout ce qu'il auroit pu dire : ce n'est peut être pas sa faute ; on doit sans doute imputer ses réticences et son aridité au tems où il vivoit ; mais la posterité peut-elle l'excuser quand elle ne lit qu'une histoire décharnée, une froide compilation de gazettes et de journaux ?

Daniel a écrit l'histoire d'Angleterre comme un jésuite le pouvoit faire, homme de cloître et de parti, entêté de ses préventions, conseillé, repris, guidé par les chefs de sa société, il a été obligé de n'imprimer que ce qui pouvoit plaire à son ordre et d'en répandre les erreurs.

On a dit, avec beaucoup de justesse, qu'un moine n'étoit pas propre à écrire l'histoire, parce que malgré beaucoup d'érudition, de connoissances et de talens, il n'étoit pas libre d'écrire d'après ses sentimens et sa pensée, mais conformément aux idées de ses supérieurs et de l'esprit de son ordre : on en pressent les raisons, quand on est forcé de vivre dans la subordination avec des hommes exigeans, et sous des supérieurs impérieux, il faut affecter de penser et d'écrire comme eux pour se ménager des tortures et des humiliations. Pour écrire l'histoire d'un peuple guerrier, philosophe et commerçant, il faut abjurer les principes, les entêtemens d'un homme reclu ; il faut voir et juger les choses en grand et approfondir les évenemens politiques. Un moine est-il en état d'être clair-voyant et juste du fond de son cloître où il ne voit rien que par les yeux des préjugés et les couleurs de son habit ? Le pere DANIEL est menteur à chaque page, des mensonges peuvent-ils former une histoire ?

Le Pere BERRUYER, auteur de l'histoire du peuple de Dieu, réunit vingt mérites. Style enchanteur, coloris, beautés de dessein, diction suave et attachante, mais il n'a pas fait une histoire, il a composé sur un texte vrai, un roman varié et séduisant.

FRA-PAOLO, avec du nerf et de la philosophie, s'est montré déclamateur passionné et apostat de l'église romaine. Il auroit pu parler de Rome et des Papes avec moins d'acharnement. La vérité n'y auroit rien perdu, et en évitant les caricatures il auroit été lu des catholiques comme il l'est des protestans.

J'avouerai que l'historien à qui je donnerois le prix, est l'abbé de S. REAL : c'est avec fondement qu'on l'a surnommé le SALLUSTE français. L'histoire de la conjuration

juration de VENISE est un monument fidele et sagement présenté. Tous les tons de cet élégant écrivain sont ce qu'ils doivent être, et voilà (je crois) le modele à imiter.

Je ne dirai rien des historiens grecs et romains, déjà si bien appréciés; je serois leur admirateur sans réserve si leurs écrits n'étoient point imprégnés des superstitions et du merveilleux qui, en déshonorant leurs superbes tableaux, assoupissent tout-à-coup le lecteur.

ROLLIN, imbu de leurs leçons, a joint à leurs ridicules, des puérilités scholastiques. On voit dans son histoire romaine un professeur qui babille et radote comme un bonhomme avec ses écoliers. Mais si on a ce reproche à lui faire dans son histoire Romaine, on doit vouer des sentimens d'estime et d'admiration à ce recteur qui, sans offenser personne, est, sans contredit, le premier homme, l'instituteur le plus utile de l'université de Paris. Dans son traité des études, et surtout son histoire ancienne. On n'apperçoit point dans cet ouvrage le pédant de collége, le rhéteur bouffi des bancs : tout y est à sa place, il n'y a rien d'affecté : tout y respire l'air d'une aimable simplicité, sans prétention : toujours égal Rollin a l'art de plaire en instruisant.

J'ajouterai aussi qu'on a remarqué qu'il étoit presqu'impossible que dans une monarchie il se trouvât un homme assez ferme pour écrire l'histoire parce qu'il avoit trop à craindre de la part des grandes familles et du gouvernement. Il n'en est pas de même dans les républiques ou le citoyen a le droit de penser, de parler et d'écrire.

Quoique je sois convaincu de cette vérité, je ne crains point lecteur de vous offrir la vie politique et secrette de Louis-Stanislas-Xavier Monsieur, frere de Louis XVI. L'heureuse révolution après laquelle soupiroient tous les fideles patriotes m'encourage, et sans avoir égard au rang de mon héros, je le peindrai tel qu'il est. Je ne veux point que mes concitoyens aient lieu de me reprocher à mon tour une fade adulation, ou une foiblesse puérile. Il est intéressant à ma patrie de connoître un prince qui s'est toujours masqué, qui est entré dans tous les complots avec des précaution perfides qui ont donné matiere à douter s'il y jouoit même un rôle.

Voilà l'homme à qui il est important d'arracher le bandeau, pour ne plus être sa dupe, et ne point être trompé par les tartuffes et les fourbes qui lui ressemblent.

VIE SECRETTE

ET

POLITIQUE

DE

LOUIS-STANISLAS-XAVIER

MONSIEUR,

FRERE DE LOUIS XVI.

PLUSIEURS écrivains ont rendu récemment un service important à la nation française, en peignant le caractère & les mœurs des BOURBONS, il paroîtroit sans doute étonnant à la postérité, qu'il ne se fût point trouvé un historien fidèle pour démasquer le Prince le plus près du thrône, un Prince qui a joué le plus grand rôle avant la révolution qu'il a préparée, un Prince assez double, assez artificieux pour avoir trompé les trois quarts de la nation par la précaution étudiée de se cacher derrière le rideau, de ne s'exprimer publiquement qu'avec réserve, qu'avec indifférence, comme ne prenant aucune part aux délibérations dont il ne vouloit passer que pour être un témoin Bénévole. Sans doute nos neveux regretteroient de n'avoir point de ce Prince dont la conduite est si oblique, si tortueuse, une idée juste : les siècles suivants sont naturellement curieux & intéressés à connoître les moteurs de la machine poulitique. L'étude du cœur humain a appris que ce ne sont pas les êtres les plus bruyants, les plus ardents dans les opérations qui ont eu la plus grande influence dans l'administration d'un empire où la révolution d'un gouvernement.

On sait aujourd'hui que le Cardinal de Richelieu qui a jetté les fondements du despotisme, & dont la tête (dans ce siècle ou l'homme connoît ses droits & les fait respecter) seroit comme celles des FOULONS, des BERTIER, des FLESSELLES, des DELAUNAY, perchée sur unepique à la face de l'europe, le rôle qu'il a joué a dépendu des circonstances. Ce Prélat ambitieux comme l'ont été &le sont encore aujourd'hui les Evêques, aussi ridiculement qu'impuissamment, a profité de l'occasion. A forcé d'intrigues & de souplesses (je dis plus) de bassesses, il est parvenu sous Louis XIII, c'est-à-dire sous un BOURBON, Prince foible, ignore, voluptueux sans les facultés de jouir, sans des yeux pour voir, sans une ame pour sentir, est parvenu a persuader à son imbécille maitre, fatigué, ennuyé des plaisirs auxquels la nature l'avoit rendu inhabile, qu'il lui pouvoit être de la plus grande utilité. Louis XIII le crut & se trouva très-heureux d'avoir dans un regne encore orageux, un homme qui le débarassât de tout soin; il lui déposa toute sa confiance & son authorité (quoiqu'il ne l'aimoit guères-) comme nous l'attestent plusieurs anecdotes curieuses de la vie de ce Monarque, anecdotes qui décelent la politique du Cardinal & ses tours de force pour plaire à son Roi qu'il méprisoit intérieurement, dont il n'étoit point estimé, mais à qui pour servir son ambition personnelle il ne manquoit point dans les moments de la plus grande inertie, de faire valoir sa fidélité, son zèle & ses services.

La France alors étoit remplie d'une foule de Seigneurs puissants qui opprimoient leurs vassaux, d'aristocrates fortunés qui, fortifiés dans leurs chatels étoient autant de Souverains qui ne respectoient guères un Monarque, à qui ils ne faisoient aucune cour, un Monarque qu'ils méprisoient même & auquel ils osoient résister & se comparer.

Toutes les province de France gémissoient sous le joug abominable de la vassalité des petits potentats, des gentillâtres qui, dans leurs seigneuries rustiques avoient, un chef-lieu, c'est-à-dire une grosse tour flanquée de quelques bastions hérissés d'artillerie ; il falloit pour se rendre utile & pour se montrer un Ministre intéressant, écraser tous les foibles tyrans sous la loi suprême d'un Prince despote.

Richelieu sentit toute l'opportunité des services qu'il pouvoit rendre. Il sentit que nul par lui-même & sa famille, il seroit bientôt revêtu de la puissance d'un Roi sans en avoir le nom s'il ouvroit carrière à son ambition démésurée, il prévit qu'il plairoit à son maître, qu'il domineroit sous son nom, qu'il avanceroit sa famille ou plutôt qu'il la tireroit du néant. Ces considérations l'aveuglèrent & il osa tout entreprendre.

Mais, Richelieu ne consulta-t-il que ses lumières en débutant ? non sans doute : à qui eut-il recours ? fut-ce à un collegue puissant, un seigneur, un courtisan qu'il auroit généreusement gratifié ? Ici cher lecteur vous manqueriez des premières notions de la politique, si vous pouviez vous imaginer que RICHELIEU, pour opprimer, pour abbattre les grands, pour ériger son élevation personnelle sur leur chûte, sur leur décadence, eût recours à des MAGNATS. A qui donc s'adressa-t-il ? à un vieux coquin, à un père séraphique, au père JOSEPH, Capucin, le plus intéressé, le plus artificieux, le plus fourbe & le plus méchant homme de son siècle.

LOUIS-STANISLAS-XAVIER MONSIEUR, frère de LOUIS XVI, a sans doute long-tems médité l'histoire secrete du Cardinal de RICHELIEU. Il a voulu employer les même moyens, suivre la même marche, mais avec le caractère aussi faux, avec autant & plus d'ambition (car RICHELIEU ne pouvoit & n'aspiroit point à porter le sceptre) avec le plus grand poids, la plus grande considération, en vertu de son rang qui étoit *le* premier, comme frère du Roi. LOUIS STANISLAS XAVIER, malgré toute sa politique & sa perfidie, a vu jusques à présent avorter tous ses ambitieux desseins. Il a même eu la douleur d'être persuadé qu'il étoit démasqué par la classe pénétrante des observateurs politiques.

Je sais bien que la raison de son peu de succès n'a point dépendu de son artifice, de son ambition, & de sa perfidie; mais de sa mal-adresse & de son impéritie.

On a prétendu que LOUIS PHILIPPE JOSEPH D'ORLÉANS avoit préparé lui-même à grands frais la révolution qui agite en cet instant toute la nation française. Je ne puis nier que les apparences ne viennent à l'appui de cette assertion. Je me résume même après tous les écrits qui ont paru tour-à-tour en sa faveur & à son ignominie, à soutenir que le Duc D'ORLÉANS avoit des vues à la Couronne, qu'il avoit connu le peuple en le ramenant à lui par d'immenſes charités, par des bienfaits innombrables, par des extérieurs de popularité, de ſenſibilité qui ont attendri les Pariſiens prévenus contre lui; j'avoue que bien ſervi par ſa reſpectable épouſe, que la Capitale comme la Cour honore, il a captivé en un moment le cœur des Français qui avoient conçu de lui la plus mauvaiſe idée, idée en effet méritée par des millions d'écarts, mais je ne puis diſconvenir que ſi ce Prince eût été brave & hardi, qu'il ſe fût mis à la tête des Gardes-Françaiſes le 14 Juillet 1789, c'eſt-à-dire dans cet inſtant précieux où toute la nation l'appelloit, le nommoit, le proclamoit Roi de France, & ne vouloit ſervir que ſous ſes drapeaux & n'obéir qu'à lui ſeul, la première branche de la maiſon de Bourbon étoit irrévocablement chaſſée & détrônée.

Louis-Philippe-Joseph d'Orléans avoit tout fait pour monter ſur le trône. Arrivé aux premieres marches, il n'a pas oſé lever le pied. Je ne diſcuterai point, lecteur, les raiſons qui l'ont arrêté dans ſa courſe rapide; il en eſt, il en eſt peut-être mille pour une ame timide comme la ſienne; mais il n'en eſt pas moins vrai, que ſi le ſang d'un Cromwel, d'un Richelieu, d'un Mazarin, eût ruiſſellé dans ſes veines, il ſeroit aujourd'hui notre monarque, & notre monarque abſolu; (car l'aſſemblée nationale eut été ſur le champ & diſſoute, & chaſſée ou martyriſée).

Louis Stanislas Xavier, vouloit auſſi régner; il a pris des routes plus baſſes & plus ignobles, plus perfides pour parvenir à ſes fins. Il n'a pas mieux reuſſi, mais il a été, mais il eſt plus coupable & plus criminel.

Prenons ce Prince à ſon berceau, ſuivons graduellement ſon enfance, ſa jeuneſſe, ſa virilité: peſons dans la balance de l'équité, ſes actions, ſes démarches; examinons-en les motifs, on verra les rapports qu'il a avec tous les ambitieux qui l'ont précédé, ſoit comme grands Princes, ſoit comme miniſtres & uſurpateurs: on verra en quoi il differe des princes de ſa famille, qui, avec des intentions auſſi ambitieuſes, ſont pourtant beaucoup moins blâmables aux yeux de la raiſon.

Louis-Staniſlas-Xavier naquit de Louis, Dauphin, fils de Louis XV, & d'une Princeſſe Saxonne, petite-fille de l'Empereur Auguſte. Son enfance n'a rien de bien intéreſſant: il étoit celui des petits-enfans de Louis XV le plus taciturne, le plus tranquille, ce qui prouve que les hommes annoncent dès le berçeau ce qu'ils feront un jour. L'aîné, connu ſous le nom de Duc de Bourgogne, avoit un tempéramment plus vif; il babilloit comme un perroquet, & les courtiſans, pour flatter le grand-pere, le pere & la mere, lui prêtoient des ſaillies, des bons mots, des adages dont un homme réfléchi est à peine ſuſceptible dans la maturité de l'âge, quand ſon éducation a été ſoignée par des inſtituteurs habiles & profonds, & qu'une diſpoſition naturelle a parfaitement répondu aux peines qu'on a priſes pour le former; mais telle est l'adulation des ſerviteurs qui ſont toujours prêts à admirer ce qu'ils mépriſent, dans l'intention de plaire aux parents de qui ils attendent des graces & des bienfaits. En un mot le Duc de Bourgogne à ſix ans étoit un prodige d'eſprit, & comme ſes ayeux, ſes pères, ſes freres n'eût été qu'un imbécille à trente. Quoiqu'il en ſoit tous les

les Journaux étoient remplis de ſes facéties, de ſes réflexions morales, de ſes repliques ingénieuſes, & le Peuple qui ne ſait rien, qui ne ſe doute de rien, qui croit, qui hume tout, s'écrioit en liſant les gazettes des folliculaires, LE DUC DE BOURGOGNE NE VIVRA PAS, IL A TROP D'ESPRIT. Ce Prince mourut en effet très-jeune. Les uns dirent alors nous l'avions bien prédit : quel dommage ! quelle perte pour la France ! Les autres plus malins prétendirent que ſa mort avoit été forcée comme ayant été initié dans les complots de la famille royale, vendue aux opinions des diſciples de LOYOLA. Le peuple, quoique perſuadé que l'on meurt dans toutes les conditions et à tout âge, est assez sot pour ne pas vouloir qu'il ſoit possible qu'un Prince, un Monarque meurent ſelon les loix de la nature, comme étant ſujets aux mêmes infirmités, aux mêmes maladies, aux mêmes accidens que les autres hommes.

Le Duc de BERRY, ſon frere puîné, n'eut pas l'honneur d'avoir vu tirer de lui un horoſcope auſſi avantageux de ſon esprit ; il paſſoit pour un enfant boudeur, un ſournois ; mais il vécut et vit encore ſous le titre auguste de Louis XVI.

Le Comte de Provence, aujourd'hui MONSIEUR, ne promettoit rien, on n'a point de reproches à lui faire, il n'a trompé personne et a tenu parole. Nul dans ſa jeuneſſe, il eut encore été de toute nullité dans ſa virilité, ſans les crimes clandeſtins que la France & l'Europe ont à lui reprocher.

Quant au Comte d'ARTOIS, il a pleinement juſtifié dans ſon adoleſcence et ſa virilité, ce qu'il annonçoit dans ſon enfance. Eſpiegle étourdi, inſolent, diſſipateur,

Il est fouillé de tous les défauts qui déc lent un caractere remuant, un tempéramment fougueux, en un mot un très-mauvais sujet.

Voilà les Bourbons, voilà leur portrait dans la plus exacte vérité, dans la plus parfaite ressemblance.

Mais je reviens à Louis Stanislas Xavier MONSIEUR, que j'ai choisi pour être mon héros, & à qui je me propose de rendre toute la justice qu'il mérite.

MONSIEUR étoit celui des enfans du Dauphin que Louis XV caressoit & amoit le plus, sans doute à cause de sa timidité, de sa taciturnité, de sa morne apathie & qu'il falloit l'agiter, le tourmenter, l'agacer pour le faire babiller. Son caractère n'a point changé avec les années, ce Prince n'est point parleur, il est rêveur, distrait & dissimulé, faux & traître; il affecte un air de sensibilité, il caresse, il flatte, il accueille tout le monde & particulierement ceux qu'il déteste. Ce n'est que dans le fonds du cabinet dans la solitude des promenades qu'il s'ouvre à ceux qu'il veut employer & dont il a le dessein de faire ses partisans & ses conjurés. On a remarqué qu'il n'entretenoit jamais deux personnes à la fois, Cette précaution part d'une ruse profonde par cette prévoyance il n'a pas à craindre d'être compromis. S'il venoit à être inculpé il en seroit quitte pour donner un démenti formel & ne pourroit point être convaincu, parce que la partie dans une affaire ne peut être juge, pas même témoin & que quand bien même il admettroit un témoin, il l'auroit bientôt confondu avec le poids de son rang, de son crédit. D'ailleurs TESTIS UNUS, TESTIS NULLUS.

MONSIEUR par ce stratagême peut conspirer tour-à-tour avec une infinité de confidents de protégés, sans l'appréhension d'être découvert & confondu. Beaucoup de scélérats auroient échappé au supplice s'ils eussent été aussi prudens. Alors ils auroient été les maîtres de leurs secrets & une négative constamment & fermement articulée les auroient sauvés.

Je ne sais qui a suggéré à ce Prince si méchant, & si borné, l'idée d'une ruse si adroite, je suis tenté de croire qu'elle émane de quelque fin Jésuite ou au moins d'un de leurs suppots. Il faut être prêtre ou moine pour avoir conçu un dol si artificieux & si salutaire dans certaines occasions ou la pénétration des Légistes, des Magistrats reste en défaut, ou la curiosité du public est si peu satisfaite & ou les gens d'esprit, les Scrutateurs les plus profonds ne peuvent que former des doutes embarassants, parce que malgré les apparences il y a bien loin du soupçon à la vérité.

Nos autres Princes ne sont pas aussi prévoyants, ils se fient sur leur nom & leur suprématie. Voilà une erreur dont MONSIEUR s'est garanti dans tous les tems. Par ce moyen il est très-difficile au public de le juger avec certitude, il n'y a que les observateurs rusés qui ont examiné la conduite, les démarches d'un Prince, qui ont été à même de le suivre ou de vivre près de lui, qui soient en état de prononcer infailliblement sur tout quand ils ont été les dépositaires de la confiance des confidents du chef.

Pour moi qui ai très-longtems épié MONSIEUR jusques dans ses parties les plus secrettes, en qualité d'Officier attaché à sa Maison, je puis répandre beaucoup de lumières sur ce Prince ambitieux, discret & perfide.

L'éducation de Monsieur a été la même que celle

de ſes frères. Le fourbe COETLOSQUET y préſida, & eut grand ſoin que ſes élèves n'appriſſent rien, ne ſuſſent rien, ne viſſent rien. On leur donna ſeulement une idée de quelques détails hiſtoriques de la vie des Rois de France, dont les actions indifférentes n'étoient point capables de réveiller l'imagination, & d'inſpirer l'amour du bien & le deſir de le faire. On ſe garda bien de leur parler des Rois qui illuſtrèrent leur règne; on ſe contenta de les nommer ſèchement, vaguement, ſans expoſer leurs faits éclatans à leur mémoire, & les leur propoſer comme modèles à imiter.

Je ne puis m'empêcher ici d'obſerver qu'il y a une cauſe & une convention ſecrette pour négliger l'éducation de nos Princes. Les gouverneurs, les précepteurs ont le mot pour ne les point inſtruire, pour ne les point éclairer. Il eſt en effet bien certain, que ſi les Princes étoient en état de voir par leurs yeux, de gouverner par eux-mêmes, tous les Miniſtres auxquels ils ſont forcés de s'en rapporter, & d'abandonner le gouvernail, n'auroient pas ſi beau jeu pour les tromper ſans ceſſe, pour s'enrichir aux dépens de la Nation, dont ils perpétuent ſucceſſivement & à l'envie, la calamité. Un Prince qui ne ſait rien, ſe dégoûte néceſſairement des affaires, en laiſſant le timon trop ſouvent à des ſcélérats qui la trahiſſent & plongent la Patrie dans des abîmes de maux auxquels il lui eſt impoſſible de ne pas ſuccomber. Voilà pourquoi tous les Bourbons ſont ſi ignares, ſi ineptes, ſi injuſtes & avec les meilleures intentions, ſont incapable de faire le bonheur de leurs ſujets; voilà pourquoi ils ſont généralement mépriſés des Princes étrangers, qui ne manquent jamais de mettre à profit leurs erreurs, leur entêtement & leurs fautes.

Mais si un Prince mal élevé n'est pas en état de bien penser & de bien faire, il a toujours en revanche toutes le dispositions pour se laisser entraînener aux mauvaises inclinations, aux passions funestes. Je ne crains point d'être contredit. MONSIEUR vient à l'appui de mon assertion. Prince né sous une planette fatale pour le malheur des François, il a toutes la sagacité possible pour imaginer des horreurs & les mettre à exécution. Il n'a pas besoin de conseil pour être un infâme, un scélérat, un fratricide. Les projets les plus noirs, les complots les plus affreux lui sont familiers. Inhabile aux plaisirs de l'âme, aux jouissances de l'esprit, il partage tous les instans de sa grosse existence entre les dissipations de la chasse & des orgies. S'il lui reste quelques loisirs, il les consacre complaisamment à la société des courtisans noirs, débauchés, vicieux, avec qui il complotte & médite des projets infernaux.

J'ai dit que Louis XV avoit un foible pour Monsieur; mais je dois ajouter que ce Monarque n'avoit pas une idée avantageuse de sa conception. Pour réveiller son intelligenee, il crut qu'il étoit nécessaire de lui chercher une compagne, dont l'amour & la passion allumeroient ses desirs, &, en attendrissant son cœur inaccessible jusques-là aux vertus du sentiment, le rendroient susceptible des qualités sociales.

On jetta les yeux sur une des filles du Roi de Sardaigne. La demande en fut faite avec la pompe & la solemnité d'usage. Cette hymenée flatta la Cour de Savoye, qui s'empressa de le conclure. Quand il est queſtion de former des alliances entre les Rois, on ferme les yeux ſur les qualités de l'époux. MONSIEUR étoit bien connu pour un Prince épais & ſtupide, même pour un libertin caché, pour un yvrogne. Mais la convenance, la parité de rang l'emportèrent ſur toute autre conſidération (1). La princeſſe de Savoye vint en France donner la main au comte de Provence, qui reçut ſa moitié avec tiédeur, avec une politeſſe froide qui dégénéra bientôt en un ſouverain mépris, maſqué toutefois des égards extérieurs de reſpect & de conſidération, dont l'uſage de la Cour & la perfidie font une loi particulière aux Princes.

La Comteſſe de Provence ne fut pas long-tems à s'appercevoir de l'averſion que ſon mari avoit pour elle : il lui fallut néanmoins digérer cette diſgrace bien douloureuſe pour une jeune Princeſſe qui, en prenant un époux, s'étoit bien perſuadée qu'elle le prenoit des mains de l'amour, & qu'elle alloit ſavourer toutes les jouiſſances de la volupté la plus délicieuſe & la plus pure. Ce ſentiment étoit aſſez naturel. Dans la plus illuſtre condition, comme dans la claſſe bourgeoiſe, on s'ennuye

(1) Il n'en eſt pas des grands & des Princes comme des ſimples particuliers, qui dans l'établiſſement de leurs enfans, exigent autant de ſageſſe, de conduite & de talens dans leurs gendres & leurs brues, que de fortune. La raiſon en eſt ſimple : on deſire qu'ils conſervent, qu'ils augmentent même ce qu'on leur donne. On craint la miſere & la quantité d'enfans. Les grands raiſonnent différemment, ils n'ont pas ces épreuves à craindre.

d'être demoiselle aussi-tôt que la nature parle au cœur ; & on se fait une idée merveilleuse du sort des femmes. Le besoin d'aimer & de jouir sans contrainte est un attrait bien flatteur & bien doux. La Comtesse de Provence avoit en effet lieu d'espérer uné félicité comparable à celle des divinités de la fable ; mais unie avec un sournois, un butord glacé, qui n'avoit que des goûts bas, abjects, des passions sordides, qui n'étoit arrêté que par une propension dèshonorante aux plus sales jouissances, avec un homme sans délicatesse, sans principes & sans ame. On sent bien que cette princesse Savoyarde regretta bientôt ses parens, son pays, et auroit bien voulu rompre un lien qui, loin d'assurer son bonheur, ne lui apprêtoit chaque jour que des peines vivement renouvellées par la réflexion et la comtemplation de la destinée de ses dames d'honneur, de ses dames d'atour, qui dans un rang bien plus bas, étoient les femmes, les épouses les plus heureuses entre les bras de leurs maris si complaisans & si tendres. Ces comparaisons frappent une jeune Princesse au premier coup-d'œil. Mais malgré cette affligeante vérité il fallut que Madame de Provence se fit raison ; son mari chassoit, son mari buvoit : elle ne chassa point, elle eut quelques liaisons secrettes ; mais elle tomba dans un vice bien honteux pour une jeune femme ; elle prit le parti de noyer ses chagrins dans des flots de Bourgogne & de Champagne.

Monsieur ne s'en affligea point et la laissa boire. Que fit-il ? il contracta la plus étroite intimité avec madame la Comtesse de Balby, non pas par l'effervescence de ses sens engourdis ; mais par ton, par sympathie, par caprice ou par ennui. Cette jeune dame devint l'ame de toutes ses parties fines. Par complaisance d'abord elle bu[t] avec lui. Bientôt par habitude & par goût elle s'amusa [à] plonger (comme son amant) sa raison dans le fond de[s] bouteilles. Ce commerce dure encore. La vérité étant l[a] base de l'histoire il est juste de dire que depuis la révolu[-] tion, MONSIEUR & sa concubine se livrent moins fré[-] quemment aux excès des orgies, peut-être par la nécessit[é] de s'occuper des évenemens du jour.

MONSIEUR, de concert avec CALONNE qu'il proté[-] geoit de tout son crédit auprès du Roi contre les plaintes [&] les murmures des Parlemens, & par le seul motifs de l[a] reconnoissance & l'espérance de toujours puiser des mil[-] lions dans le trésor royal, fut l'auteur de l'assemblé[e] des Notables. Ce fut dans son bureau particulie[-] rement, où il fut question de créer de nouveau[x] impôts, quoique l'état étoit obéré. Il conseilla le pre[-] mier la dixme territoriale & le timbre. Il s'embara[s-] soit peu du premier impôt, parce qu'il étoit certai[n] de s'en affranchir & d'en retirer des sommes prodi[-] gieuses. Le second impôt mettoit le reste du numé[-] raire dans les mains des fermiers généraux, de qu[i] il étoit encore assuré de percevoir une grosse par[t] dans le produit, comme il avoit déjà énormément re[-] tiré lors du changement des louis d'or.

Le Parlemet de Paris déjà mécontent des Ministres & sur-tout de CALONNE, se mutina, ne voulut rien en[-] registrer. Le Roi par le conseil de Monsieur, du Comt[e] d'Artois & de Ségur, eut beau mander son Parlemen[t] à Versailles & y tenir son lit de justice pour faire en[-] registrer ces impôt, ils ne passèrent point. Les Prince[s] & les Pairs furent convoqués aux assemblées extraor[-] dinaires, aux délibérations du Parlement.

Monsieur insista pour l'enregistrement, les Princes qui avoient le même intérêt appuyerent vigoureusement ses motions, mais le parti des légistes & des magistrats soutenu des pairs triompha. Le-Parlement néanmoins fut exilé à Troyes en Champagne pour le punir de son obstination. Il en revint quelques mois après avec le même esprit, la même fermeté. Lomenie de Brienne, ce Prélat ambitieux & intéressé, Lamoignon, Garde des Sceaux, malgré la protection de Monsieur, de la Reine & des Princes, perdirent leur considération. Calonne fut contraint de fuir en Angleterre avec l'or de la France & sa nouvelle épouse la veuve D'HARVELAY, riche particulière.

NECKER dont le sort & l'élévation ont fait tant de jaloux, NECKER, alors aimé du Peuple qu'il a si mal traité depuis, prit le gouvernail des finances, par la protection de la maison D'ORLÉANS. Necker fit des emprunts qui n'étoient au fond que des impôts sous une autre face, sous une autre dénomination, parce qu'il faut toujours des impôts pour payer & rembourser les capitalistes, l'impôt le plus funeste fut secrettement mis sur le pain la manne la plus précieuse & la plus nécessaire à l'existence humaine.

MONSIEUR qui s'étoit déclaré le protecteur, l'appui de CALONNE, changea d'opinion & de batterie. Il s'étoit fait donner tout ce qu'il avoit voulu de ce Contrôleur Général; il devint le défenseur, l'ami de Necker qui lui prodigua de même les thrésors de la France Ces deux personnages avoient besoin l'un de l'autre. MONSIEU ne demandoit que de l'argent, on lui en donnoit, NECKER ne demandoit qu'un partisan, qu'un puissant protecteur à la Cour. MONSIEUR remplit ses vues (1).

Mais quand le pain est hors de prix, que le commerce est sans activité, que les atteliers sont déserts, que les manufactures languissent, que les Marchands ouvrent continuellement leurs faillites, enfin que le numéraire disparoît, qu'il est dans les pays étrangers, alors le Peuple sans ressource se trouve dans l'impuissance de se procurer même du pain, sur-tout quand cette denrée est montée à une cherté excessive.

C'est ce qui est arrivé, les Princes, les Grands & MONSIEUR à leur tête avoient part au gâteau & rioient au même instant, que toutes les Villes & les Provinces de France gémissoient dans le besoin. Comme il y avoit une foule de Financiers, de Capitalistes & même plusieurs membres du Parlement qui commerçoient sur les bleds, les plaintes, les requêtes du Peuple ne furent point favorablement répondues au Parlement, les Pairs de France avoient pour la plûpart un intérêt dans la chose. Ils parvinrent avec les voix des Magistrats, Marchands de farine à arrêter les poursuites du Sénat de la Capitale contre les Boulangers, contre les accapareurs & les agioteurs. Les suffrages des opinants étant partagés, il n'y eût point de punition infligée. Le Parlement & les Pairs s'assemblerent un hyver tout entier pour ne rien

---

(1) Il est à remarquer que Necker (on ne sait par quel motif) refusa de l'argent à la Reine & à tous les Princes excepté au Duc d'Orléans & à MONSIEUR. Quant aux Duc d'Orléans Necker lui devoit sa subite élévation, & conséquemment de la reconnoissance. Quant à MONSIEUR c'est probablement parce qu'il le craignoit comme frere & confident du Monarque.

conclure. Necker protégé par Monſieur alla ſon train. CALONNE avoit accaparé l'or de la France, NECKER accapara les grains, c'étoit conſommer la calamité du Peuple, c'étoit lui porter les derniers coups. MONSIEUR étoit ſans ceſſe importuné par les gémiſſements des malheureux, mais ſans ame, ſans oreilles, dépourvu de ſenſibilité, il faiſoit écarter de ſa préſence tous les malheureux qui venoient implorer ſa charité & alloit ſe mirer dans ſes coffres forts qui crevoient ſous le poids de l'or qu'ils renfermoient (1). Cela ne ſurprendra perſonne. Tout le monde ſait que Monſieur eſt un Bourbon & que les Bourbons ſans aucune exception ſont des ladres, des lézineux, il n'y a que deux ſortes de gens qui font très-bien leurs affaires avec eux. Leurs Maquereaux & leurs Putains, encore faut-il qu'ils demandent juſqu'à l'importunité ou qu'ils les eſcroquent, quant à leurs Intendants, leurs hommes d'Affaires, leurs maîtres d'Hôtel, leurs Cuiſiniers on ſait qu'ils ont une maniere de s'enrichir avec eux très-promptement, quand on manie les deniers, on a ſoin de ne ſe point oublier.

Je ne veux qu'expoſer quelques traits de ce Prince, traits dignes D'HARPAGON.

---

(1) On ne conçoit pas ce que MONSIEUR a fait de ſes tréſors, avare il n'a jamais rien donné, il n'a pas même payé ſa maiſon, il n'a point bâti, il n'a point voyagé, il n'a point fait de dépenſe, il a volé vingt riches Capitaliſtes, il a dépouillé la veuve, l'orphelin, il a fait mille emprunts, il en a fait encore tous les jours, il n'a point de maîtreſſes ruineuſes à entretenir, il a doublé, triplé, quadruplé ſes revenus, & doit à tout le monde & n'a pas le ſol.

Lorsque revenant de la Provence, seule promenade qu'il ait faite en sa vie, il passa par Lyon, il visita les plus beaux édifices de cette ville : on le conduisit à l'hôpital, dans l'espérance qu'il feroit donner quelques bienfaits aux malheureux que cette maison renferme. On se trompa grossièrement. Après avoir tout vu, tout examiné, il s'en retournoit sans mot dire, & sourd aux sollicitations, aux prières des infortunés. Les administrateurs étonnés, indignés même de son endurcissement & de sa lézine, lui représentèrent humblement la pauvreté de leur hospice. JE N'Y SAUROIS QUE FAIRE, répondit Monsieur avec un ton mécontent : on résista, en lui ajoutant qu'une dame d'une fortune médiocre, avoit depuis peu envoyé cinquante louis pour le soulagement des malades. TANT MIEUX POUR EUX, répliqua ce Prince en riant, JE LEUR SOUHAITE TOUS LES JOURS UNE PAREILLE AUBAINE ; QUANT A MOI, JE NE SUIS PAS ASSEZ RICHE POUR DONNER A TANT DE MONDE, & tira un louis de sa poche qu'on n'osa pas refuser.

Un pauvre lui demandant un jour l'aumône dans le parc de Versailles ; il se fit suivre un gros quart-d'heure, ensuite, il se retourna pour lui donner un sol marqué en une pièce.

Mais un trait qui fait frémir, & qui achevera le tableau de cette ame de boue, de ce cœur pourri. c'est celui dont il s'est souillé pour jamais à FONTAINEBLEAU. Il étoit à la chasse, & en traversant une vigne pour suivre un lièvre, il lâcha mal-adroitement un coup de fusil, & tua un malheureux vigneron qui travailloit, caché entre deux perchées. Cet homme tomba sous le coup. Monsieur s'apperçut de son imprudence ; & au lieu de gémir de ſon crime, ſans doute involontaire ; « ce n'eſt pas m ı faute, (s'écria- » t-il), pourquoi cet homme ne ſe montroit-il pas » ? & il pourſuivit ſon chemin. Quelle réponſe ! Quelle barbarie ! Madame, informée de cet accident malheureux, ſe fit ſur le champ transporter chez cet infortuné vigneron qu'on avoit reporté chez lui tout mourant. Elle employa tous les moyens pour conſoler la femme éplorée, & qui n'oublia pas de lui montrer ſes cinq enfans en bas âge. Madame lui donna ſa bourſe, fit adminiſtrer tous les ſoins néceſſaires au mari, qui néanmoins mourut quelques instans après. Madame, pour dédommager, s'il étoit poſſible, la veuve de la perte précieuſe qu'elle avoit faite, lui aſſura une penſion réverſible dividuellement à ſes enfans. Quant à Monſieur, il ne ſe montra point et ne donna rien.

Mais ſi ce Prince dénaturé ne fit jamais de bien, il eut grand ſoin de s'en approprier beaucoup qui ne lui coûta gueres.

On ſait de quel manege il ſe ſervit pour ruiner ce pauvre marquis de BRUNOY ; il imagina avec ce coquin de Cromot, ſon Intendant, de faire paſſer M. de BRUNOY pour fou. Le prétexte qu'on employa fut que ce riche particulier enrichiſſoit des égliſes, bâtiſſoit des baſiliques, donnoit des ornemens aux fabriques, fondoit des meſſes, des proceſſions, inſtituoit des congrégations, faiſoit fondre des cloches, alloit au lutrin chanter avec le Magister du village, ſe revêtoit d'une ſoutane, d'un ſurplis, ſe coëffoit d'un bonnet quarré, précédoit le curé aux ſtations, aux enterremens, avoit chez lui des chapelles, des encenſoirs, des chandeliers d'égliſe, des chaſubles, des tuniques, & avoit fait élever un petit clocher dans lequel il avoit fait monter des cloches qu'il sonnoit lui - même soir & matin pour annoncer les différents offices & les prieres où pouvoient assister les habitans du lieu; qu'il répandoit d'abondantes aumônes, des charités dans son voisinage, qu'il les marioit en les dotant, qu'il plaçoit des fonds pour la subsistance des maîtres d'écoles, qu'il faisoit apprendre des métiers aux garçons, qu'il faisoit venir chez lui jeunes enfans pour les cathéchiser, &c. Mais toutes ces œuvres loin d'être blamables étoient pies & même édifiantes. Telle étoit la conduite des saints que l'Eglise nous propose d'imiter, & Monsieur aidé, servi par ce scélérat CROMOT, employa son autorité pour inculper de folie un homme que dans les siecles de la primitive église on eût canonisé. Monsieur fit bien plus, il fit accuser & dénoncer ce Mr. de Brunoy comme dissipateur, comme scandaleux, comme perturbateur extravagant, comme visionnaire dangéreux & en ces qualités le fit enfermer, ensuite on prétexta qu'il avoit fait des billets, qu'il devoit énormement & on s'empara de ses biens fonds en alléguant qu'on avoit payé ses dettes. On eut besoin de quelques Frippons de Praticiens, de Tabellions, de Procureurs, on n'en manqua pas. Cette race maudite fourmille par-tout pour le malheur des Citoyens. CROMOT se chargea du reste, moyennant grosse rétribution, & Monsieur devint propriétaire d'une belle terre, qui ne lui coûta que le courage de commettre des infâmies, & d'enrichir des scélérats aux dépens de la fortune & de la liberté d'un honnête homme dont l'existence ou la liberté sont aujourd'hui un problême, car on ne sait pas ce qu'est devenu le Marquis de BRUNOY, on a répandu différents bruits, qui tous se sont successivement démentis, les uns ont annoncé son élargissement, d'autres sa mort dans les cachots, de manière qu'on n'a rien de positif, de certain sur ce particulier malgré l'évenement de la révolution. Tout ce qu'il y a d'évident c'est que Monsieur en vouloit moins à sa personne qu'à son bien, & qu'il ne pouvoit pas s'emparer de la chose sans anéantir, sans perdre l'homme. On sait aussi que CROMOT (1) étoit unique pour faire réussir un projet si exécrable, imaginé par une ame damnée.

Examinons sérieusement, et de bonne foi, la conduite de tous les jaloux, les enragés persécuteurs du Marquis de BRUNOY. Ils l'ont fai passer pour fou parce qu'il employoit son bien selon le précepte de l'évangile, les exhortations des Saints en l'honeur de l'église, & au soulagement des malheureux; mais l'évangile est donc un livre absurde, un conte ridicule; mais les Saints, & ceux qui les imitent, et ceux qui monsent dans la chaine de vérité, & nos Curés & nos Confesseurs ont donc été & sont donc des fous; mais la religion Catholique, Apostolique & Romaine est donc une momerie. Voilà donc comme on habille la plus saine morale. C'est bien ici le cas de s'écrier comme cet ancien : O TEMPORA ! O MORES !

(1) CROMOT, fils d'un infortuné paysan de CRAVANT près Auxerre, vint à Paris servir les Maçons, devint laquais d'un Financier, ensuite valet de Bureau, puis commis de barriere; par progression de tems il monta aux premieres places de la finance, & finit à force de bassesses & de friponneries, par entrer chez Monsieur, en qualité d'Intendant de ses affaires. TEL MAITRE TEL VALET.

Je veux ſuppoſer un moment que le Marquis de BRUNOY ſoit tombé dans le délire, quoique rien ne l'a teste, & que ſes actions prouvent le contraire ; mais quoi, parce qu'un homme eſt grand, pieux, libéral, charitable, qu'il ſuit ſtrictement ſa loi, on aura droit de le déclarer INSENSÉ, de le voler, de le dépoſſéder, de le dépouiller de tout & enfin de l'enſevelir dans un cachot où à force de tortures, de chagrins, de miſere, & peut être par le moyen expéditif d'un poiſon apprêté, on le fera périr ? Quelle horrible injuſtice ! quelle abomination ! je ne ſuis plus étonné ſi nos évêques, nos prêtres au lieu d'imiter les ſaintes œuvres de M. de Brunoy, font préciſément le contraire de ce qu'ils enſeignent, & s'ils vivent dans le faſte, dans la luxure, & enfin ſi de ſiecle en ſiecle ils ont uſurpé tant de biens & par-tout, il faut donc les imiter pour jouir paiſiblement & commodément de ſes rapines, & alors on paſſe pour d'honnêtes gens, on ne craint point de paſſer pour fous, de ſe voir ruinés & d'expirer captifs & martyrs au fond des plus noires priſons. Voilà pourtant l'eſprit du ſiecle. Monſieur, Cromot & tous les fripons qui ont chaſſé le Marquis de Brunoy de ſes domaines patrimoniaux, ont-ils été punis ? ont-ils ſeulement été inquiétés ? à l'exception de Cromot qui eſt mort comme il a vécu, avec la prodigieuſe fortune d'un nouveau Bourvalais : tous ces complices & criminels de lèze-majeſté divine & humaine, ne jouiſſent-ils pas effrontément en cet inſtant du fruits de leurs forfaits ?

Je veux bien encore convenir que le Marquis de Brunoy ait perdu la tête & ſoit réellement mort fou dans ſa captivité déplorable : mais un homme qui du ſein de

l'abondance

l'abondance, de l'opulence même, de la tranquillité du repos, de la satisfaction & de la liberté, passe tout-à-coup dans un état d'indigence affreuse, dans les tourments de la captivité, qui se voit maltraité par des guichetiers, insulté, outragé à chaque instant par le dernier malôtru, qui compare sa vie précédente avec son existence présente, qui se rappelle les beaux jours qu'il a passés dans l'affluence de toutes les possessions, & des plaisirs, qui n'a rien à se reprocher que d'avoir obligé des ingrats, dont l'ame sensible & compatissante gémit & regrette de ne plus soulager les pauvres, est-il étonnant dis-je que cet homme réduit au désespoir, succombant à sa peine & aux explosions de son amertume, ait le cerveau affoibli, perde l'usage de sa raison & ne meure dans la fievre de la rage & les transports phrénétiques de sa douleur comme un fou, un enragé? quel mortel dans une semblable situation conserveroit la vigueur de ses sens, les facultés de son ame & de son intelligence? Sans doute il n'en faut pas tant pour faire perdre la tête à l'être le plus ferme, le mieux organisé, & si le Marquis de BRUNOY est mort fou, à qui imputer son malheur? Ce ne peut-être qu'à l'avidité insatiable & cruelle de Monsieur. S'il vit encore, où est-il? quelle vie mene-t-il? hélas-il est peut-être plus malheureux que s'il vivoit, & alors la mort dans cette déplorable, dans cette déchirante extrêmité, est mille fois préférable à la vie.

Il n'est pas concevable qu'un grand Prince, un frere de Roi ait pu se permettre une telle indignité quand un homme de cette élévation est capable d'un crime aussi affreux, est-il surprenant qu'il se trouve dans la classe la plus commune des scélérat toujours prêts à offrir leur odieux ministère pour être coopérateurs d'une atrocité. Encore est-il vrai de dire que si des hommes sans naissance & affamés sont inexcusables en se rendant les usurpateurs du bien d'autrui, ils sont moins coupables qu'un Prince, qui ravit audacieusement l'héritage d'un petit particulier & qui après lui avoir arraché la liberté sous des prétextes abominables & calomnieux, donne des ordres secrets pour abréger ses jours dans les horreurs d'un cachot. Il falloit avoir une ame aussi noire que Monsieur pour concevoir & exécuter un projet si barbare, il falloit être possédé, tourmenté par une avidité si insatiable & si basse.

Mais tant d'horreurs ne vous surprendront point, Lecteurs, quand vous saurez que Monsieur est encore l'auteur de la révolution dans la persuasion, dans la certitude de s'emparer de la couronne, de faire périr son frere ou de le faire claquemurer dans le fond d'un cloître comme imbécille, de renvoyer la Reine & de se débarrasser du Dauphin. Ce fait veut être prouvé & on n'aura rien à désirer à cet égard. Il est intéressant de suivre graduellement son artificieux projet pour être à portée de décéler & de juger la perfidie profonde & les vues lointaines de ce Prince ambitieux & dénaturé.

Dans les tems que toutes les cours Souveraines de la Magistrature murmuroient hautement contre les affreuses dilapidations des Ministres, des Financiers & des Grands, que l'assemblée des Notables, divisée d'intérêts & d'opinions conséquemment n'avoit rien opéré pour remédier aux plaies de l'État, qu'elle s'étoit séparée sans rien conclure, que les Parlemens déclaroient que la Nation gémissoit sous le poids des impôts énormes, qu'ils n'en enregistreroient plus de nouveaux, qu'ils demandoient même pardon d'avoir enregiſtré les derniers, qu'ils ſavoient bien qu'ils avoient outrepaſſé leurs pouvoirs; mais qu'ils ne l'avoient fait que parce qu'ils avoient été trompés eux mêmes par les Miniſtres & le Conſeil qui leur avoit préſenté des tableaux de la plus urgente néceſſité, qui leur avoient annoncé que les circonſtances préſentes, les dépenſes faites, les beſoins du ſervice militaire & l'entretien diſpendieux d'une marine reſpectable & néceſſaire, mettoient le Monarque dans la triſte néceſſité de charger ſes peuples de nouveaux ſubſides, contre l'intention bienfaiſante de Sa Majeſté, qui entendoit que ces nouveaux impôts ceſſeroient d'être à cette époque prochaine; que les Miniſtres inſatiables, loin de tenir parole, c'eſt-à-dire, de décharger la Nation opprimée, continuoient de la déſoler par de nouvelles impoſitions; qu'il étoit impoſſible de concevoir l'uſage qu'un avoit fait des prodigieuſes ſommes perçues, ſommes qui excédoient la recette de tous les impôts réunis depuis le berceau de la Monarchie ſous le grand CLOVIS, qu'il étoit évident que les deniers de l'État avoient été accaparés par une foule de Frippons & de diſſipateurs, que dans la criſe malheureuſe où ſe trouvoit la France. Il ne restoit plus d'autre reſſource que celle de ſupplier le Roi de convoquer les États Généraux, qui ſeuls pourroient réparer le prodigieux DÉFICIT, & parvenir à la liquidation des dettes immenſes de l'État. MONSIEUR, alors averti du mécontentement de la Nation, de ſa colère contre les Miniſtres, & même contre le Monarque, & ſurtout la Reine, ſentit que l'occaſion étoit favorable pour jouer un grand rôle qui pourroit le placer ſur le trône.

Les Parlemens à qui Louis XV avoit répondu que les États Généraux feroient convoqués en 1791, insistèrent fur la nécessité de les assembler dans l'année présente ; ils crièrent si fort que le peuple cria aussi, & que le Roi, importuné sans cesse par Monsieur, par le duc d'Orléans, se détermina, malgré l'opinion des Ministres, l'opposition de la Reine & de sa cabale, à appeller les États Généraux le mois d'Avril suivant.

On ne s'arreta plus alors qu'à discuter une question qui paroissoit de la plus grande importance ; c'étoit de savoir comment seroient choisis, nommés les députés des villes & des provinces, par qui ils seroient envoyés ; si les Seigneurs, si les Éveques, les Intendans éliroient les personnages qui composeroient l'assemblée nationale, ou si ce seroit les Baillages, les Sénéchaussées, les Municipalités. Cette question importante fut longtems agitée & combattue. Les grands vouloient nommer ; ils avoient leur politique secrette, que les Parlemens pénétrèrent subitement, ainsi que tous les citoyens éclairés. Si les Intendans, les Éveques eussent élu les députés, ils n'auroient pas manqué de choisir des hommes de leur parti, de leur bord, des bommes affidés enfin, leurs amis & leurs protégés. Alors, l'assemblée nationale n'eut plus été composée que de leurs partisans : le Clergé, la noblesse, la Finance auroient triomphé ; les Parlements le pressentoient bien, anssi s'opposerent-ils vivement à cette forme. Ils se hâterent d'en présenter une autre qui sembloit leur annoncer un avantage réel & certain, puisque les élus, par leur plan, devoient etre leurs partisans, étant tirés de la classe du peuple, des Bailliages & des Municipalités ; on voit que chaque parti avoit de bonnes raisons. Il s'élèva encore une autre difficulté à résoudre ; c'étoit de déterminer (puisque les députés devoient etre tirés des trois ordres de l'État, le Clergé, la Noblesse & la rotûre) si le nombre des députés du peuple seroit égal à celui des députés des deux autres ordres ; cette nouvelle question n'étoit pas moins intéressante pour la Nation que la première.

(1) Le Parlement de Paris prétendit que le peuple auroit deux voix, & que le Clergé & la noblesse n'en auroit qu'une chacun. La raison que ce tribunal alléguoit étoit spécieuse. Il disoit que le peuple seul composant plus des trois quarts de la population, il devoit avoir plus de voix que la noblesse & le clergé séparément. Cette prétention étoit juste mais elle étoit politique ; car si le peuple n'eut pas eu deux députés à opposer à un dé-

---

Il faut convenir que le Parlement a été bien mal récompensé du zele qu'il a montré cette fois seulement, pour les intérêts du peuple. MM. les Magistrats étoient bien loin de prévoir le sort qui leur étoit réservé. Mais ils auroient bien dû pressentir que la nation Française ne seroit pas assez peu éclairée pour témoigner de la reconnoissance à un aréopage impérieux & souvent injuste, qui n'avoit en cette circonstance pris la défense du peuple que pour en être soutenu, protégé, & parce que l'enchaînement successif des affaires du tems & la politique lui en faisoient une loi. Les Cours Souveraines savoient encore qu'elles étoient détestées de la Noblesse & du Clergé, qu'il ne leur restoit d'esperance que dans l'appui du peuple dont ils n'avoient épousé la cause que parce qu'elle étoit personnellement la leur. Je ne puis rien prononcer

puté de la noblesse & à un autre du clergé, il étoit de toute certitude que ces deux corps si puissans, qui jouissoient de toutes les prérogatives, se seroient ligués pour se les conserver & auroient achevé la ruine & la servitude des Plébéiens, ce qui n'étoit pas à craindre si le peuple

---

sur les lumieres & l'impartialité des jurisdictions nouvelles & futures, je doute seulement du mieux; mais je ne puis dissimuler qu'il y avoit tant d'abus dans les Parlemens, dans la forme de la procédure si ruineuse & si lente dans tous ces officiers de judicature, dans cette vile, cette infernale, cette scélérate racaille de Procureurs, d'Huissiers, de Greffiers, de solliciteurs, de Secretaires, d'Avocats même qui voloient impunément les malheureux plaideurs avec leur abominable chicane, leurs plattes écritures, leurs grosses in-folio, leur ignorant bavardage, leur orgueuil ridicule, & leur importance si comique, qu'en vérité la nation, à bon droit, en étoit révolté. La plûpart des magistrats eux-mêmes étoit si iniques, si partiaux, si intéressés & si peu instruits, qu'ils autorisoient les rapines & les infamies des bas Praticiens. Les procès ne finissoient jamais que par la ruine entière quelquefois des deux Parties. Ils avoient rendu Thémis si aveugle & si boiteuse, qu'elle ne marchoit que lentement & au hasard. Le code juridique étoit si obscur, si embrouillé que le seul sophiste pouvoit le commenter; la forme emportoit le fonds d'une affaire: Quelle horreur! Dans un siecle de raison & de philosophie, devoit-on réduire en un art dangereux la maniere naturelle & simple de rendre justice. Oui, parlemens, oui juristes absurdes, vous méritez votre sort, vous ne le pressentiez pas; mais dit la chanson: ON NE S'AVISE JAMAIS DE TOUT.

avoit lui seul autant de voix que les deux autres ordres. L'expérience a confirmé cette vérité.

J'ai dit au commencement de cet ouvrage que le caractère de Monsieur étoit occulte, dissimulé perfide; je l'ai prouvé. J'ai prétendu qu'il avoit quelque similitude avec le Cardinal de RICHELIEU, & je crois avoir raison, je n'entends pas dire que MONSIEUR a le génie, les vastes plans, & les connoissances de ce fameux Cardinal, mais j'assure qu'il a autant & plus d'ambition & de cruauté.

Richelieu pour la gloire de son maître & sans doute la sienne, écrasa les grands, il regna meme si l'on veut sous le nom de Louis XIII, mais il ne chercha point à regner lui-meme.

MONSIEUR peu content d'etre le plus grand Seigneur de l'Europe, vouloit & veut encore regner en affectant un dédain étudié, préparé pour les grandeurs & la dignité royale, il vise à tous les moyens de parvenir au trône en affectant de le fuir. Richelieu fit trancher la tete à Cinq-Mars, au Connétable de Montmorency & à d'autres grands Seigneurs. Mais Richelieu avoit de l'ame & avança toute sa famille dont il fit de grands Seigneurs, & dont le dernier neveu est aujourd'hui Duc & Pair de France. L'intention de Monsieur étoit bien opposée. Grand par lui-meme il vouloit anéantir sa famille & détrôner son frere & son roi; la Reine perfide étoit d'intelligence.

Ah femmes si vous etes volages & perfides, vous ne pouvez l'etre qu'aux dépens de votre honneur, & les remords intérieurs qui vous rongent annoncent le sentiment de votre crime & de votre turpitude.

MONSIEUR n'a jamais connu les plaisirs de l'ame; j'ai démontré la profondeur de son ambition sourde, de sa perfidie ; de son insensibilité, de son avarice, de sa cruauté. Français, voilà celui de vos princes le plus ignoble, le plus méprisable & le plus dangereux.

F I N.

www.ingramcontent.com/pod-product-compliance
Ingram Content Group UK Ltd.
Pitfield, Milton Keynes, MK11 3LW, UK
UKHW021039180726
13838UKWH00004B/1895